FORSCHUNGSBERICHTE DES LANDES NORDRHEIN-WESTFALEN

Nr. 1850

Herausgegeben im Auftrage des Ministerpräsidenten Heinz Kühn
von Staatssekretär Professor Dr. h. c. Dr. E. h. Leo Brandt

DK 532.542.4 532.559.2./3
   621.694

Doz. Dr.-Ing. Helmut Zeller

Dr.-Ing. Carl Kramer

Dipl.-Ing. Gert Ehrhardt

Aerodynamisches Institut der Rhein.-Westf. Techn. Hochschule Aachen
Direktor: Prof. Dr. phil. Alexander Naumann

Über die Strömungsformen in einem Strahlapparat bei nicht normalen Betriebsbedingungen

WESTDEUTSCHER VERLAG · KÖLN UND OPLADEN 1967

ISBN 978-3-663-03948-8   ISBN 978-3-663-05137-4 (eBook)
DOI 10.1007/978-3-663-05137-4

Verlags-Nr. 011850

Gesamtherstellung: Westdeutscher Verlag

Inhalt

I. Einleitung

In einem Strahlapparat lassen sich außer der normalen Strömung, die zur Mischung von Treib- und Saugstrom im Mischrohr führt, durch Veränderung der Drücke an den Grenzen des Mischraumes weitere, nicht normale stationäre Strömungsformen erzeugen, die durch teilweise oder völlige Umkehr der Strömungsrichtung in Treib-, Saug- oder Mischrohr charakterisiert sind. Sie sind interessant u. a. auch als Grundlage für die Diskussion der Strömungsvorgänge in pulsierend arbeitenden Strahlapparaten [1, 2]. Diese stationären Strömungen können, wie in [1, 2] für kompressible Medien gezeigt wurde, für einen Strahlapparat mit zylindrischem Mischraum mit Hilfe der eindimensionalen Grundgesetze und jeweils einer Annahme berechnet werden. Bei der Überprüfung der Rechnungen durch Messungen an einem mit Luft betriebenen Strahlapparat [1] zeigten sich bei bestimmten Betriebsverhältnissen starke, meist regelmäßige Pulsationen innerhalb des Mischraumes.

Um einen ersten Einblick in den Mechanismus dieser Erscheinungen zu gewinnen, wurden die im folgenden beschriebenen Untersuchungen an einem mit Wasser betriebenen Strahlapparat durchgeführt.

Das hier angesprochene Problem ist unseres Wissens in der Literatur, abgesehen von den in [1, 2] genannten Arbeiten und einer unten erwähnten Untersuchung von CURTET [3], nicht behandelt worden.

Für die Unterstützung dieser Arbeit sei dem Landesamt für Forschung beim Ministerpräsidenten des Landes Nordrhein-Westfalen besonders gedankt.

II. Die verschiedenen Strömungsfälle

In Abb. 1 ist ein Strahlapparat schematisch dargestellt. Er besteht aus zwei konzentrischen Rohren, dem Treibrohr 1 mit dem Querschnitt F_1 und dem Mischrohr 3 mit dem Querschnitt F_3. Der Ringraum 2 zwischen beiden Rohren mit der Querschnittsfläche F_2 wird mit Saugrohr bezeichnet.

Je nach Richtung der Geschwindigkeiten in Treib-, Saug- und Mischrohr lassen sich sechs charakteristische Strömungsfälle unterscheiden. Sie gehen stetig ineinander über, wenn in einem der drei Rohre die Geschwindigkeit zu Null wird und dann ihre Richtung umkehrt.

Zur Erläuterung dieser Strömungsfälle dienen die Skizzen in Abb. 2. Im Normalfall (Abb. 2a) haben die Ströme in den drei Rohren gleiche Richtung. Dieser Fall entspricht dem normalen Betriebszustand eines Strahlapparates. Wird der

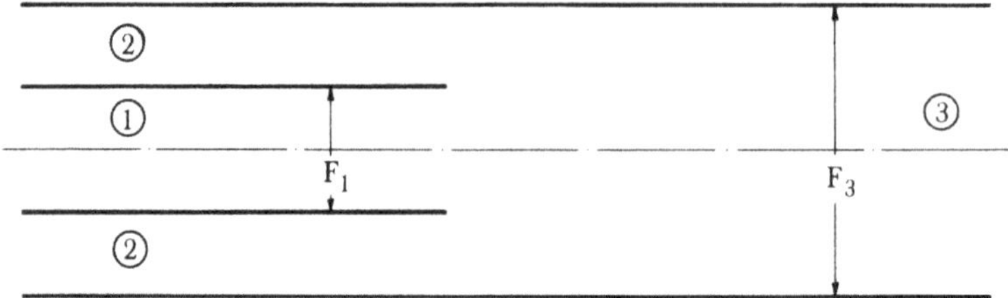

Abb. 1   Schematische Darstellung eines Strahlapparates

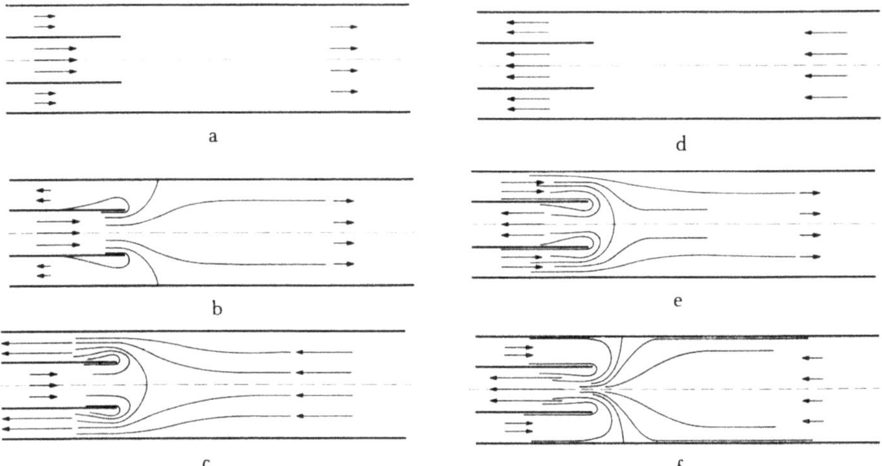

Abb. 2   Die Strömungsfälle in einem Strahlapparat
a) Mischung im Mischrohr (Normalfall)
b) Rückströmen im Saugrohr
c) Gegenströmen in Misch- und Saugrohr
d) Gegenströmen in Treib-, Misch- und Saugrohr
e) Gegenströmen im Treibrohr
f) Gegenströmen in Misch- und Treibrohr

Saugstrom Q_2 gedrosselt und erreicht den Wert Null, so entsteht die Durchströmung einer unstetigen Erweiterung vom Querschnitt F_1 auf den Querschnitt F_3.

Bei bestimmten Betriebsverhältnissen tritt eine Umkehr der Geschwindigkeit im Saugrohr ein, wobei sich der Gesamtstrom Q_1 in die Teilströme Q_2 und Q_3 aufteilt (Abb. 2b). Der Grenzfall ist dann erreicht, wenn der gesamte Treibstrom Q_1 durch das Saugrohr abströmen muß.

Bei einer Geschwindigkeitsumkehr im Mischrohr sind die Ströme Q_1 und Q_3 einander entgegengerichtet. Die gesamte Menge Q_1 und Q_3 muß jetzt durch das Saugrohr abströmen (Abb. 2c). Der Grenzfall dieses Gegenströmens im Mischrohr ist dann erreicht, wenn aus dem Treibrohr keine Menge mehr austritt.

6

Eine Geschwindigkeitsumkehr im Treibrohr führt zu einer Verzweigung des Stromes Q_3 aus dem Mischrohr in die Teilströme Q_1 und Q_2 (Abb. 2d). Je nach Betriebsverhältnis können im Saugrohr oder Treibrohr Strahlkontraktionen auftreten. Wird die Geschwindigkeit im Saugrohr zu Null, dann strömt die gesamte Mischrohrmenge Q_3 durch das Treibrohr ab.

Neben teilweisem Rückströmen aus dem Treibrohr ins Saugrohr (Abb. 2b) ist auch teilweises Rückströmen aus dem Saugrohr ins Treibrohr möglich. Hierfür sind nur die Ströme Q_1 und Q_2 gegeneinander zu vertauschen. Das Bild der Strömung, für die sich der Gesamtstrom Q_2 in die Ströme Q_1 und Q_3 aufteilt, ist in Abb. 2e skizziert. Wird $Q_1 = 0$, so liegt ein Sonderfall des Normalfalles (Abb. 2a) vor, die Strömung durch die unstetige Erweiterung vom Querschnitt F_2 auf den Querschnitt F_3.

Vertauschen von Saug- und Treibstrom für den Fall des Gegenströmens in Misch- und Saugrohr (Abb. 2c) führt zum letzten Strömungsfall, dem Gegenströmen in Misch- und Treibrohr (Abb. 2f). Während bei ersterem die Teilströme Q_1 und Q_3 zu Q_2 vereinigt werden, bilden jetzt die Teilströme Q_2 und Q_3 den Strom Q_1. Dabei kontrahiert die Strömung im Treibrohr.

III. Versuchsdurchführung

Der Versuchsaufbau für die verschiedenen Strömungsfälle geht aus den Abb. 3a und 3b hervor. Das eingetragene Schema gibt für die verschiedenen Strömungsfälle die erforderlichen Schieberstellungen in der Versuchsanordnung an.

Das Rohrsystem wurde an den Wasserarmaturenprüfstand des Aerodynamischen Instituts der TH Aachen (Abb. 4) angeschlossen. Die Kreiselpumpe ($Q = 320\,\text{m}^3/\text{h}$, $H = 65\,\text{mWS}$) saugt das Wasser aus dem Kessel ($V = 10\,\text{m}^3$, $p = 6\,\text{atü}$) durch das Rohrsystem an und fördert es wieder in den Kessel zurück. Die in der Meßstrecke gewünschte Menge läßt sich mit Hilfe eines Bypass einstellen.

Messung der Durchflußmengen

Die Durchflußmengen durch die Meßstrecke wurden mit Meßblenden gemäß den Durchflußmeßregeln DIN 1952 ermittelt. Der Wirkdruck wurde in mm Quecksilber gegen Wasser in U-Rohren gemessen. Die Lage der Meßblenden geht aus den Abb. 3a und 3b hervor.

Messung der Druckdifferenz $P_3 - P_1$

Die Differenz zwischen Treibrohr- und Mischkammerdruck wurde mit Hilfe eines umgekehrten, luftgefüllten U-Rohres in mm Wassersäule gemessen.

Strömungsbeobachtung

Zur Beobachtung der Strömungsvorgänge wurden Mischrohr und Treibrohr aus Plexiglas angefertigt. Optische Verzerrungen des Strömungsbildes wurden da-

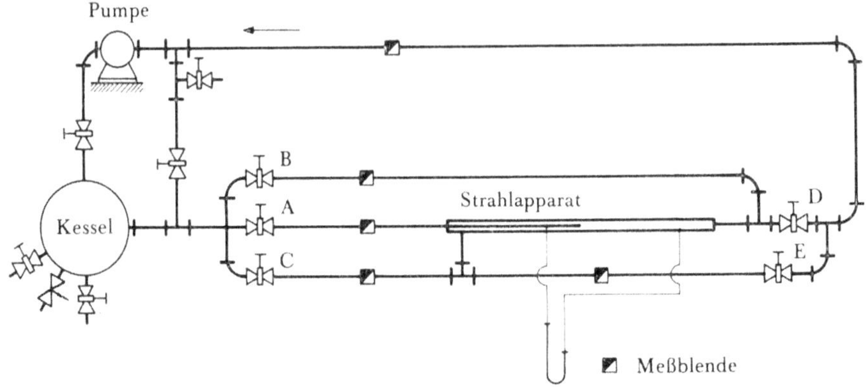

Abb. 3a   Versuchsaufbau für die Strömungsfälle a), b) und c)
               Schieberstellungen:

Schieber	A	B	C	D	E
Fall a)	auf	zu	auf	auf	zu
Fall b)	auf	zu	zu	auf	auf
Fall c)	auf	auf	zu	zu	auf

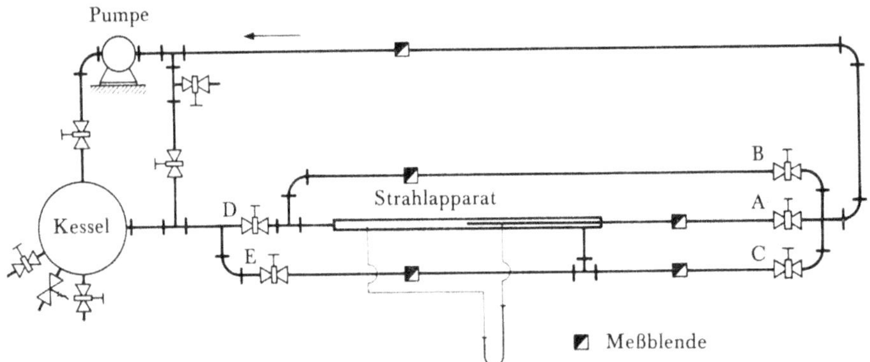

Abb. 3b   Versuchsaufbau für die Strömungsfälle d), e) und f)
               Schieberstellungen:

Schieber	A	B	C	D	E
Fall d)	auf	zu	auf	auf	zu
Fall e)	auf	auf	zu	zu	auf
Fall f)	auf	zu	zu	auf	auf

durch weitgehend vermieden, daß um das runde Mischrohr ein mit Wasser ge-
füllter Behälter (Abb. 5) mit rechtwinklig zueinander stehenden Wänden aus
Glas angebracht wurde (Wasser und Plexiglas haben fast gleiche Brechungs-
indizes). Die Meßstrecke wurde mit einem Parallel-Lichtbündel von 350 mm $\varnothing$
durchstrahlt, aus dem ein ca. 5 mm breiter Spalt ausgeblendet werden konnte

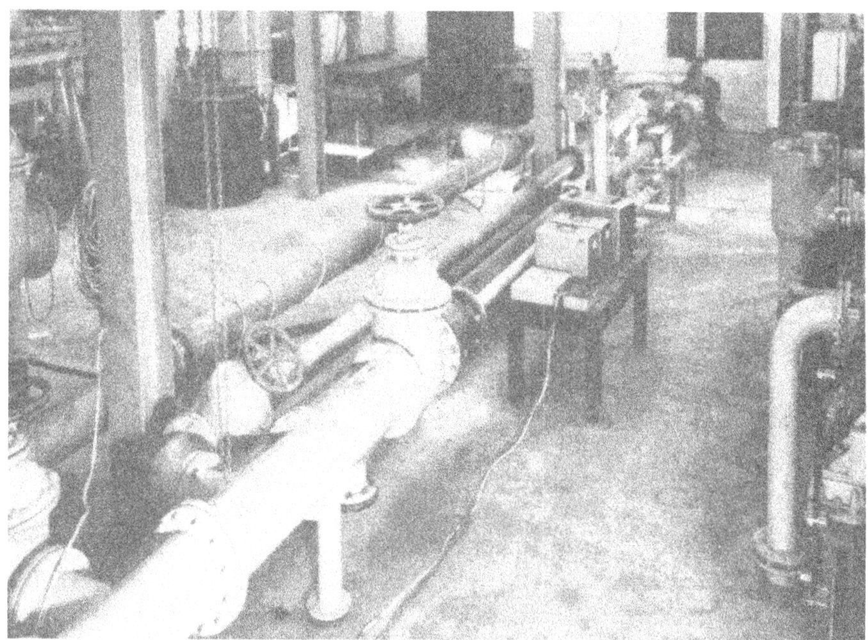

Abb. 4   Prüfstand für Wasserarmaturen

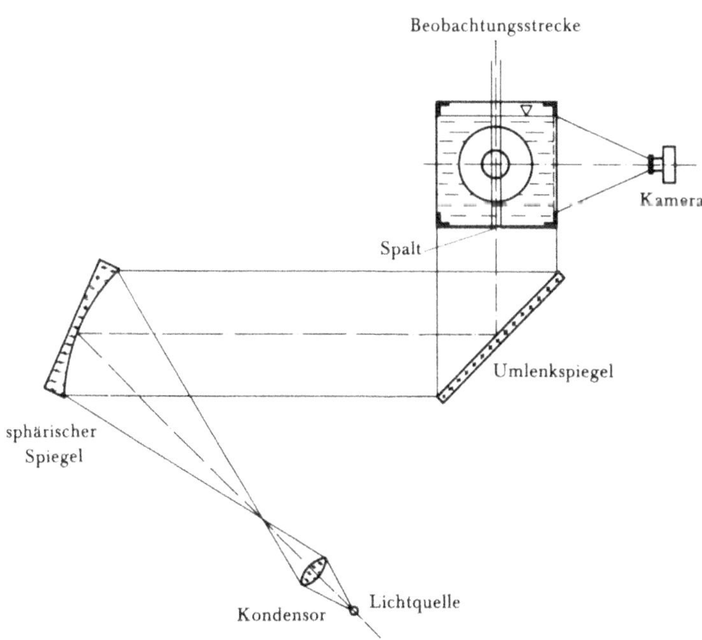

Abb. 5   Einrichtung zur Strömungsbeobachtung

9

(Lichtschnittverfahren). Als Lichtquelle diente eine wassergekühlte 1000 W Quecksilberdampflampe. Zur Erzeugung des Parallelbündels wurde die Lichtquelle mit einem Kondensor von kurzer Brennweite in die Brennebene eines sphärischen Spiegels von 3, 5 m Brennweite abgebildet.

Die rückwärtige Innenwand des Wasserbehälters war schwarz gestrichen; dies ergab einen guten Kontrast zwischen dem Hintergrund und den in der Strömung befindlichen Reflexkörpern.

Als Reflexkörper wurden anfangs Vestyronkugeln von 0,2 bis 0,5 mm ∅ verwendet. Da deren Dichte 1,05 g/cm³ beträgt, kann ihre Sinkgeschwindigkeit gegenüber den normalen Strömungsgeschwindigkeiten vernachlässigt werden. Die Vestyronkugeln wurden aber in ziemlich kurzer Zeit von der Kreiselpumpe zerstört, so daß größere Flocken entstanden.

Beim Versuch, feines Aluminiumpulver zur Sichtbarmachung in geringen Mengen in das Wasser zu geben, zeigte sich, daß das Aluminiumpulver nach längerem Stillstand der Anlage zu größeren Plättchen zusammenbackte und an den Plexiglasrohren haften blieb, wo es nur schwer zu entfernen war.

Als beste Reflexkörper erwiesen sich sehr feine Luftblasen, die in geringen Mengen bei starkem Drosseln in den Rohren, die in Strömungsrichtung vor der Beobachtungsstelle lagen, aus dem Wasser ausgeschieden wurden. Der Volumenanteil der Luftblasen dürfte so niedrig gewesen sein, daß hierdurch das Strömungsbild nicht verfälscht wurde.

Die Reflexkörper wurden nur dann verwendet, wenn die Strömung im Lichtschnitt beobachtet wurde, wobei der Strömungsvorgang zweidimensional erscheint. Diese Beobachtungsmethode führt nur dann zu einem richtigen Einblick in die Strömungsverhältnisse, wenn das Strömungsfeld rotationssymmetrisch ist. Bei den nicht rotationssymmetrischen Strömungsformen wurde der ganze Strömungsquerschnitt beleuchtet und als Kontrastmittel ein Farbstoff – Kaliumpermanganat bei weißem Hintergrund oder Kondensmilch bei schwarzem Hintergrund – durch feine Bohrungen in der Mündung des Treibrohres in die Strömung gegeben. Auf diese Art konnten die Vorgänge beim Rückströmen im Saugrohr (Abb. 2b) gedeutet werden.

Messung von Wirbelablösefrequenzen

Beim Rückströmen im Saugrohr traten (in Abschnitt IV. b näher beschriebene) regelmäßige Wirbelablösungen auf. Zur Frequenzbestimmung wurden das Strömungsbild und die Druckschriebe eines Kathodenstrahloszillographen zusammen mit einer Stoppuhr gefilmt (Abb. 6). Durch anschließende Einzelbildauswertung konnte dann die Wirbelablösefrequenz hinreichend genau bestimmt werden. Die Druckschriebe gaben den zeitlichen Verlauf des Staudruckes im Saugrohr in der Nähe des kontrahierten Querschnittes wieder.

10

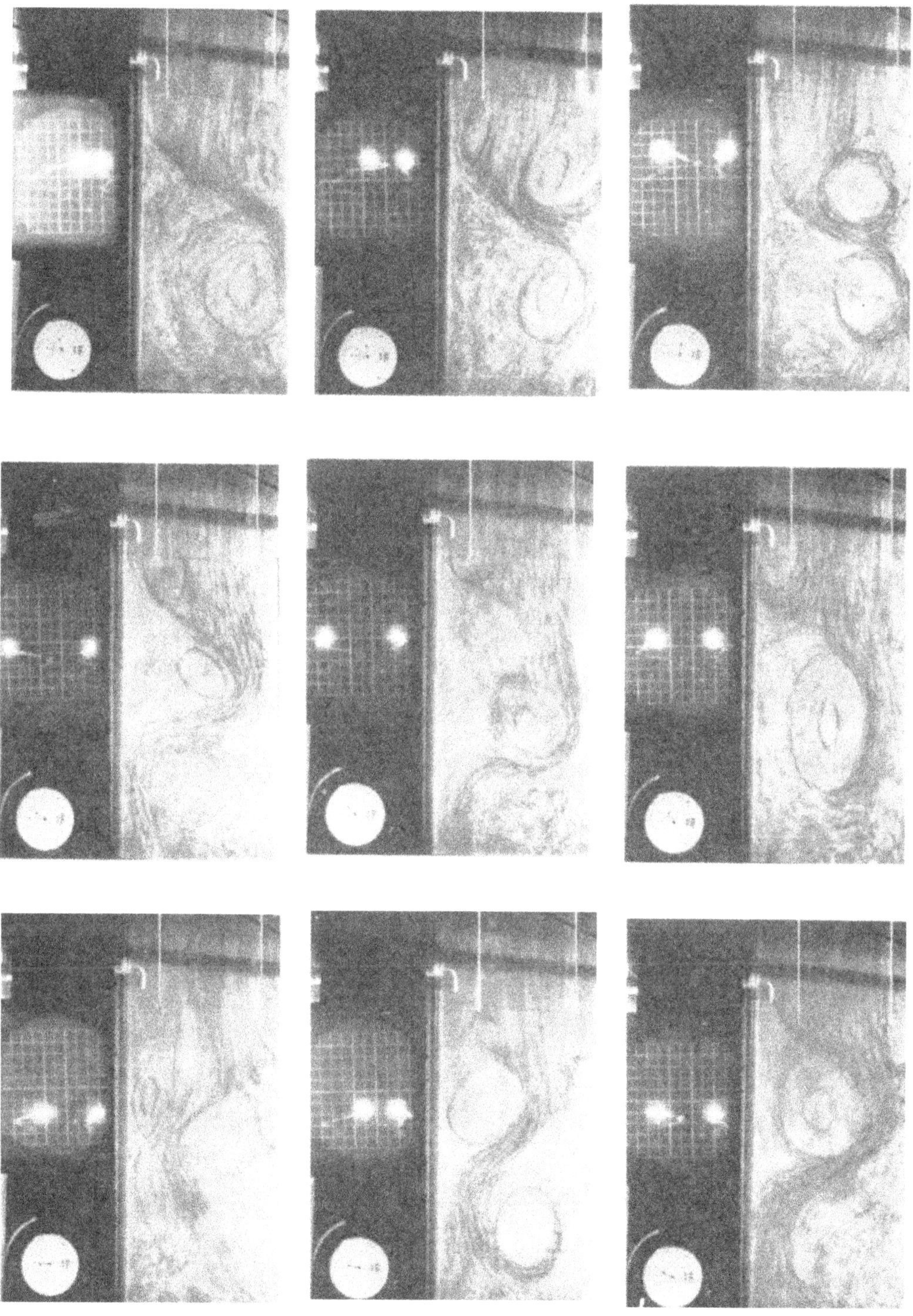

Abb. 6 Zeitliche Zuordnung von Staudruck im Saugrohr und Strömungsbild bei Rückströmen im Saugrohr (Filmausschnitt)
Strömung im Treibrohr von rechts nach links

IV. Das Strömungsbild

Die in Abschnitt II. aufgeführten Betriebszustände eines Strahlapparates sollen im folgenden an Hand von Strömungsbildern diskutiert werden, die in der beschriebenen rotationssymmetrischen Injektoranlage aufgenommen wurden. Einige Strömungsfälle wurden auch in einem Wassergerinne untersucht und als Oberflächenströmung sichtbar gemacht. Diese Aufnahmen können jedoch nur dann zur Beschreibung der Strömung herangezogen werden, wenn sich eine Meridianebene des runden Injektors mit der ebenen Strömung an der Gerinneoberfläche vergleichen läßt, d. h. wenn die räumliche Strömung im runden Injektormodell in diesem Fall auch rotationssymmetrisch ist.

a) Mischung im Mischrohr (Normalfall), Abb. 2a

Beim Normalfall sind die Strömungsgeschwindigkeiten in Treib- und Saugrohr gleichgerichtet. Wenn der Saugstrom vollständig gedrosselt wird, schießt der Treibstrahl weit in den Mischraum hinein. Es bilden sich unregelmäßig Wirbel aus, in denen Energie dissipiert. Wird beim Normalfall für ein *festes* Flächenverhältnis F_1/F_3 bei gleichbleibender Treibstrommenge das Mengenverhältnis Q_2/Q_1 von 0 aus variiert, so findet ein stetiger Übergang von dieser Strömungsform zu einer Mischströmung statt, bei der keine merkliche Wirbelbildung an der Treib-

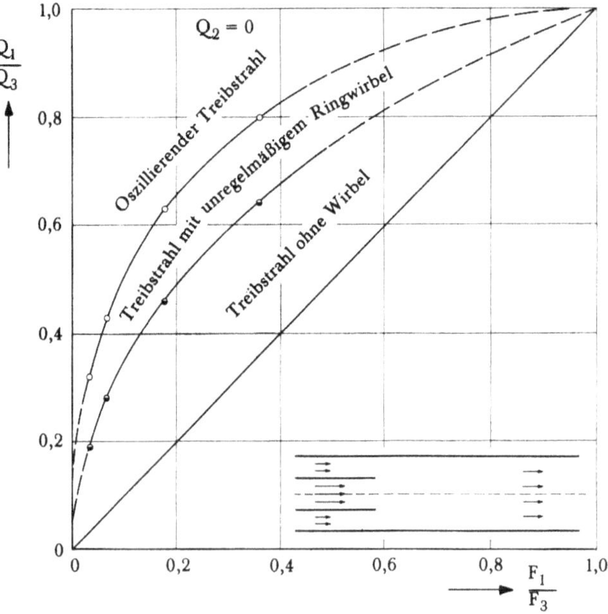

Abb. 7 Abgrenzung der verschiedenen Strömungsformen des Normalfalles im F_1/F_3, Q_1/Q_3-Diagramm

strahlgrenze mehr erfolgt. Das ist dann der Fall, wenn die Geschwindigkeitsdifferenz über die Diskontinuitätsfläche, die in der Nähe der Treibrohrmündung die Ströme Q_1 und Q_2 voneinander abgrenzt, hinreichend klein ist. Die Wirbelbildung hört ganz auf, wenn die Geschwindigkeiten in Treib- und Saugrohr gleich groß sind. In Diagramm Abb. 7, in dem das Mengenverhältnis Q_1/Q_3 über dem Flächenverhältnis F_1/F_3 aufgetragen ist, lassen sich die verschiedenen Strömungsformen voneinander abgrenzen. Die Gerade $Q_2 = 0$ entspricht der Strömung durch die unstetige Erweiterung, die Gerade $Q_1/Q_3 = F_1/F_3$ (bei Vernachlässigung von Reibung und Treibrohrwandstärke) der Strömung ohne Mischung. Für ein bestimmtes Flächenverhältnis F_1/F_3 bilden sich bei einer Vergrößerung des Mengenverhältnisses Q_1/Q_3 am Treibstrahlrand Wirbelgebiete aus, die zunächst nahezu stationär sind, bei einer weiteren Drosselung des Saugstromes jedoch alternierend auftreten und schließlich zu einem oszillierenden Treibstrahl führen. Die Grenzen zwischen diesen Gebieten wurden aus Strömungsbeobachtungen gefunden.

Die Abb. 8 zeigt sechs Strömungsaufnahmen als Beispiel für ein Flächenverhältnis $F_1/F_3 = 0{,}0334$. Unter jeder Aufnahme ist die Strömungsform schematisch dargestellt. Im ersten Bild (Abb. 8a) ist die Strömung symmetrisch. Der Geschwindigkeitsunterschied zwischen Treibstrahl und Saugstrom gleicht sich durch kleine Querbewegungen an der Treibstrahlgrenze aus, ohne daß es zu einer merklichen Wirbelbildung kommt. An der Mischkammerwandung ist noch keine Strömungsablösung festzustellen. Bereits nach wenigen Treibrohrdurchmessern ist die Mischung abgeschlossen. Es lassen sich drei charakteristische Strömungsgebiete unterscheiden:

1. Die Zone, in der die Geschwindigkeit des Treibstrahles noch unverändert ist. Sie wird vielfach als Potentialkern des Treibstrahles bezeichnet.
2. Das Gebiet, in dem sich die Strahlmischung vollzieht; in diesem sind starke Querkomponenten der Geschwindigkeit zu beobachten.
3. Der Bereich mit abgeschlossener Mischung.

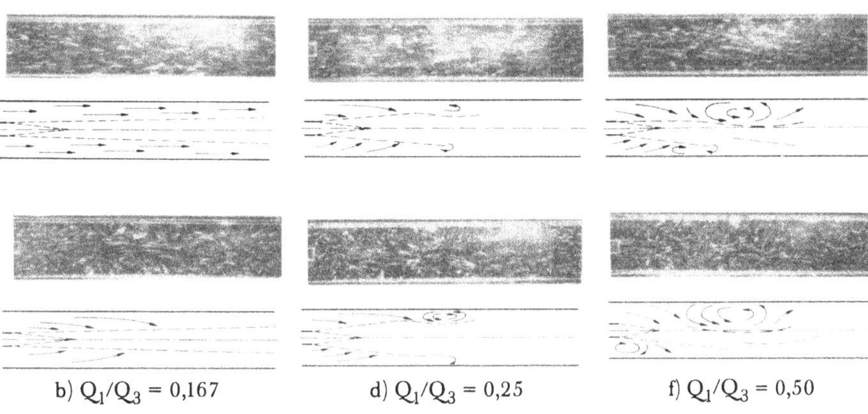

b) $Q_1/Q_3 = 0{,}167$ d) $Q_1/Q_3 = 0{,}25$ f) $Q_1/Q_3 = 0{,}50$

Abb. 8   Die verschiedenen Strömungsformen des Normalfalles
für ein Flächenverhältnis $F_1/F_3 = 0{,}0334$ ($Re_1 = 10^5$)

In Abb. 8a ist der Potentialkern etwa einen Mischrohrdurchmesser lang; der Bereich mit abgeschlossener Mischung beginnt etwa acht Mischrohrdurchmesser stromab von der Treibrohrmündung und wird von den Strömungsaufnahmen nicht mehr erfaßt.

Die zweite Aufnahme (Abb. 8b) läßt erkennen, daß sich bei einer Drosselung des Saugstromes (zunehmendes Q_1/Q_3) dessen Stromlinien stärker zur Injektorachse hin neigen. Auch hier sind noch keine Wirbel zu erkennen, und das Strömungsbild bleibt symmetrisch.

Eine weitere Drosselung des Saugstromes führt zur Ausbildung eines ringförmigen Rückströmgebietes zwischen der Treibstrahlgrenze und der Mischrohrwand (Abb. 8c). Auch jetzt ist die Strömung im großen noch stationär und achsensymmetrisch. Idealisiert kann das Rückströmgebiet als stationärer Ringwirbel aufgefaßt werden.

Auf dem nächsten Bild (Abb. 8d) hat sich das Rückströmgebiet weiter ausgedehnt, da das Mengenverhältnis Q_1/Q_3 entsprechend vergrößert wurde. Größe und Lage des Gebietes verändern sich entlang des Mischrohrumfanges unregelmäßig. Dementsprechend schwankt der Treibstrahl um die Injektorachse. Bei einer weiteren Verringerung des Saugstromes (Abb. 8e) läßt sich aus Beobachtungen der Strömung über längere Zeiten erkennen, daß dann das Rückströmgebiet sich um die Injektorachse bewegt. Die Folge davon ist, daß der Treibstrahl eine Drehung durchführt. Dabei beschreibt seine Achse einen Kegel, dessen Spitze auf der Injektorachse etwa in der Mündungsebene des Treibrohres liegt. Bei der Betrachtung nur einer Ebene des rotationssymmetrischen Modells nach dem Lichtschnittverfahren erscheint die Bewegung des Treibstrahles als harmonische Schwingung von einer Seite des Mischraumes zur anderen hin. Oberhalb eines bestimmten Mengenverhältnisses Q_1/Q_3 sind die Amplituden der Treibstrahlschwankungen so groß, daß der Treibstrahl in den Grenzlagen beinahe an der Mischraumwand anliegt, während sich das Rückströmgebiet auf der anderen Seite bis über die Injektorachse hinaus ausdehnt (Abb. 8f).

Für einen ebenen Strahlapparat hat R. Curtet [3] eine entsprechende Untersuchung durchgeführt. Die Kurven, die die einzelnen Strömungsbereiche in einem Diagramm Q_1/Q_3 über F_1/F_3 abgrenzen, stimmen mit denen in Diagramm Abb. 7 gut überein.

b) Rückströmen im Saugrohr, Abb. 2b

Treibstrahlschwingungen treten auch dann auf, wenn ein Teil des Treibstromes durch das Saugrohr abströmt, d. h. wenn sich Q_1 in die beiden Teilströme Q_2 und Q_3 verzweigt. Bei der Umströmung des Treibrohrendes kommt es zur Strömungsablösung, und der Strom Q_2 kontrahiert im Saugrohr. Um das Treibrohrende bildet sich ein ringförmiges Totwasser aus. Wenig stromab von der Verzweigung füllt auch die Teilmenge Q_3 noch nicht den ganzen Mischrohrquerschnitt aus. Auch hier entsteht ein Totwassergebiet; unter Annahme rotationssymmetrischer und stationärer Strömung ist in Abb. 9 das Bild dieser Verzweigungsströmung skizziert. Staupunktstromlinien sind die mit der Injektorachse zusammenfallende

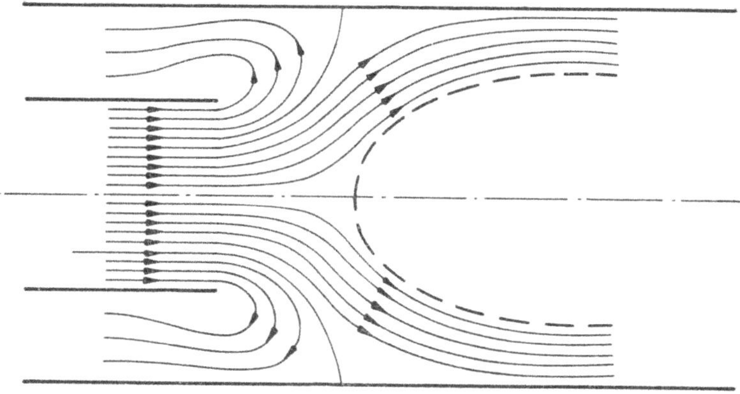

Abb. 9   Schematische, idealisierte Darstellung der Strömungsform
bei Rückströmen im Saugrohr

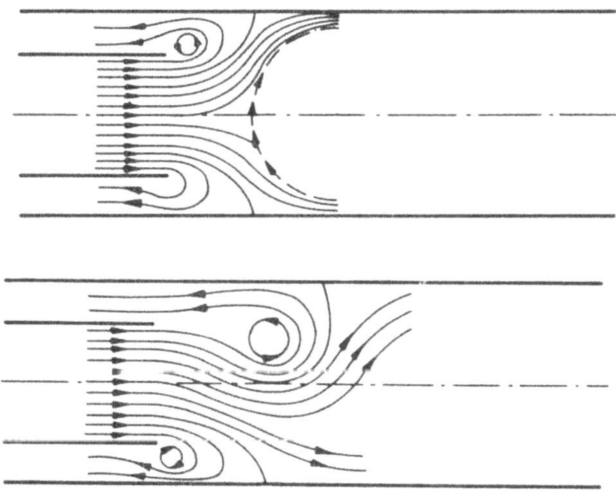

Abb. 10   Zur Entstehung der Wirbelablösung bei Rückströmen im Saugrohr

Stromlinie und die Verzweigungsstromlinien, die die Teilmengen Q_2 und Q_3
voneinander abgrenzen. Es liegt die Vermutung nahe, daß eine solche Strömungsform gegen Störungen, die eine Verlagerung der mittleren Staupunktstromlinie
bewirken, sehr empfindlich ist. Eine Störung kann z. B. durch Bewegungen, die
das Totwasser im Mischraum ausführt, hervorgerufen werden. Auch durch eine
ungleichmäßige Verteilung des ringförmigen Totwassers an der Treibrohrmündung kann der Verzweigungspunkt der mittleren Staupunktstromlinie verschoben
werden. Die Folge davon ist eine ungleichmäßige Druckverteilung, die zur Ab-
lösung des als Ringwirbel auffaßbaren Totwassers von der Treibrohrmündung

15

führt. Am Ort geringsten Druckes wird der Ringwirbel in den Mischraum hinein-
gezogen, so daß sich um ihn die Stromlinien schließen können. Der Ringwirbel
klappt dann, wie in Abb. 10 schematisch skizziert, nach rechts unten um. Dadurch
verengt sich der Durchströmungsquerschnitt in der oberen Hälfte des Misch-
rohres, so daß die Stromlinien der Menge Q_3 auch nach unten verdrängt werden.
Durch die damit verbundene Druckabsenkung wird dieser Vorgang beschleunigt.
In dem Moment, wo der Ringwirbel in die untere Rohrhälfte vorgedrungen ist,
wird die Umströmung des Treibrohres dort stark behindert. Dadurch nimmt

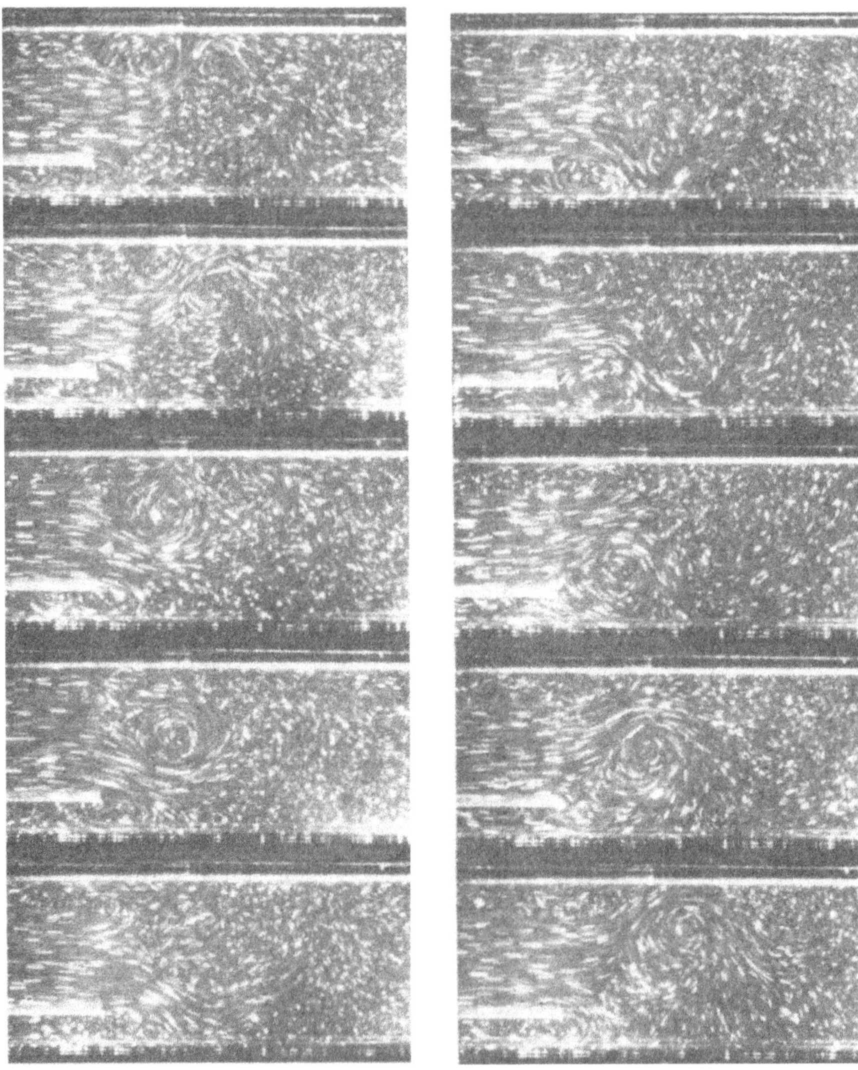

Abb. 11   Zeitlicher Strömungsablauf bei Rückströmen im Saugrohr
Filmausschnitt 32 Bilder/sec $F_1/F_3 = 0,36$; $Q_2/Q_1 = 0,77$

Abb. 12   Rückströmen im Saugrohr (Daten wie Abb. 11)

Abb. 13   Rückströmen im Saugrohr. Die Strömung ist durch Milch, die am Treibrohrende austritt, sichtbar gemacht
(Daten wie Abb. 11)

jetzt an der unteren Treibrohrkante das Totwasser zu, löst sich ab und bewegt sich in den Mischraum hinein. Strömungsaufnahmen zeigen diesen recht regelmäßigen Ablauf. Abb. 11 gibt eine Auswahl von Strömungsbildern aus einem Schmalfilm mit 32 Bildern/sec. Das Mengenverhältnis Q_2/Q_1 beträgt 0,77. Abb. 12 ist eine Einzelaufnahme zu dem Zeitpunkt, in dem sich die Stromlinien um den bereits abgelösten Ringwirbel gerade geschlossen haben. Eine Strömungsaufnahme, die die Form des Ringwirbels erkennen läßt, gibt Abb. 13.

Besonders deutlich sind die periodischen Treibstrahlschwingungen, die durch das Umklappen der Ringwirbel verursacht werden, bei großem Verhältnis F_1/F_3 zu beobachten. Die mit Treibstrahlmenge und Treibrohrdurchmesser dimensionslos gemachte Wirbelfrequenz (Strouhalzahl)

$$\text{Str} = \frac{f \cdot d_1}{Q_1/F_1}$$

ist eine Funktion des Mengenverhältnisses Q_2/Q_1. Für das Flächenverhältnis $F_1/F_3 = 0,36$ wurde die Wirbelfrequenz aus Schmalfilmaufnahmen bestimmt (s. Diagramm Abb. 14). Die Zeiten wurden auf einer mitgefilmten Stoppuhr abgelesen.

Am regelmäßigsten erscheint die Wirbelablösung dann, wenn der Saugstrom etwa gleich dem halben Treibstrom ist. In diesem Bereich des Mengenverhältnisses Q_2/Q_1 ändert sich die Strouhalzahl nur wenig. Bei einer Vergrößerung des Mengenverhältnisses Q_2/Q_1 fällt die Strouhalzahl ab, und die Wirbelablösung

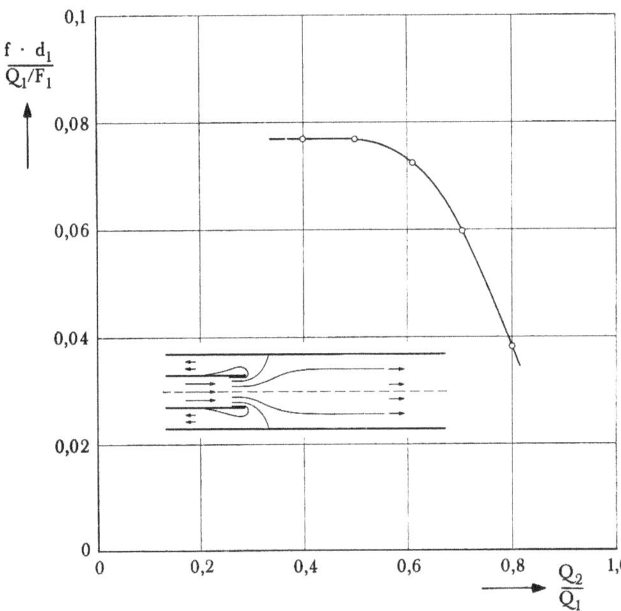

Abb. 14 Dimensionslose Ablösefrequenz der Ringwirbel bei Rückströmen im Saugrohr, abhängig vom Mengenverhältnis Q_2/Q_1
($F_1/F_3 = 0,36$; $4 \cdot 10^4 < \text{Re}_1 < 3 \cdot 10^5$)

erfolgt unregelmäßiger. Bei vollständigem Rückströmen ($Q_2/Q_1 = 1$) läßt sich keine Frequenz mehr feststellen. Ist die den Mischraum durchströmende Menge größer als die, welche durch das Saugrohr abfließt ($Q_2/Q_1 < 0{,}5$), so kommt es zu einer Verringerung des ringförmigen Totwassers an der Treibrohrmündung. Wenn der Saugstrom nur noch etwa ein Drittel des Treibstromes beträgt, kann auch hier von einer Frequenz der Ringwirbelbewegung nicht mehr die Rede sein. Der Ringwirbel löst sich dann zwar auch noch einseitig vom Treibrohr ab, doch gelangt er wegen der stärker gewordenen Mischraumströmung nicht mehr zur gegenüberliegenden Mischraumwand. Eine Abhängigkeit der Strouhalzahl von der Reynoldszahl konnte im untersuchten Bereich nicht festgestellt werden.

Daß im Bereich $0{,}4 \leq Q_2/Q_1 \leq 0{,}8$ die Wirbelablösung sehr regelmäßig ist, steht mit den Beobachtungen in [1] bei einem mit Luft betriebenen Strahlapparat in Einklang. Hier wurden in diesem Bereich sehr starke Pulsationen festgestellt.

Auch für das Mengenverhältnis $Q_2/Q_1 = 1$ ist die Strömung nicht stationär. Es stellt sich häufig ein Strömungsbild ein, wie es in Abb. 12 und 13 wiedergegeben ist. An der Trennungsfläche, die den in den Mischraum eintretenden Treibstrahl umhüllt, bilden sich Wirbel in zeitlich unregelmäßigen Abständen aus, was zu einer ungleichmäßigen Verteilung des Saugstromes Q_2 über den Treibrohrumfang führt.

Je kleiner das Flächenverhältnis F_1/F_3 gewählt wird, um so weiter schießt bei gleichem Mengenverhältnis der Treibstrahl in den Mischraum hinein. Infolgedessen ist die Krümmung der Stromlinien des Rückstromes Q_2 im Ringspalt an der Treibrohrmündung geringer. Damit nimmt auch die Größe des ringförmigen Totwassergebietes ab. Die durch Treibstrahlschwankungen hervorgerufene lokale Verengung des Eintrittsquerschnittes ins Saugrohr wird mit abnehmendem Flächenverhältnis F_1/F_3 immer geringer. Dadurch ist die Bewegung des ringförmigen Totraumes an der Treibrohrmündung nicht mehr so stark mit den Schwankungen des Treibstrahles gekoppelt wie bei großen Flächenverhältnissen F_1/F_3. Eine regelmäßige Schwingung der Wirbelablösung kommt nicht mehr zustande, und die Wirbel verlieren an Intensität.

c) Gegenströmen in Misch- und Saugrohr, Abb. 2c

Bei diesem Strömungsfall hat gegenüber dem im vorigen Abschnitt beschriebenen die Geschwindigkeit im Mischrohr ihre Richtung umgekehrt. Es stellen sich für jedes Flächenverhältnis je nach Mengenverhältnis zwei unterschiedliche Strömungsformen ein. Strömungsbilder sind in den Abb. 15 und 17 wiedergegeben. Abb. 15 zeigt die Strömung bei einem Mengenverhältnis Q_3/Q_2 nahe 1. Zwischen dem Treibstrom und dem gegengerichteten Strom Q_3 bildet sich eine scharf abgegrenzte Trennungsfläche aus. Die Mischung der beiden Teilströme beginnt erst hinter der Treibrohrmündung im Saugrohr, durch das die Gesamtmenge abströmt. Abgesehen von einer zunehmenden Wölbung der Trennungsfläche bleibt dieses Strömungsbild bei einer Steigerung des Treibstromes zunächst erhalten. Für größere Flächenverhältnisse F_1/F_3 beginnt von einem bestimmten Mengenverhältnis Q_3/Q_2 an die Trennungsfläche sich zu wellen und in zeitlich unregel-

Abb. 15 Gegenströmen in Misch- und Saugrohr
($F_1/F_3 = 0{,}36$; $Q_3/Q_2 = 0{,}8$; $\mathrm{Re}_1 = 3 \cdot 10^4$)

mäßigen Abständen zu Wirbeln einzurollen. Die Entstehungsgeschichte dieser
Wirbel wird durch die schematischen Skizzen in Abb. 16 verdeutlicht. Abb. 17
ist eine Strömungsaufnahme, auf der sich ein solcher Wirbel gerade in der unteren
Mischraumhälfte gebildet hat. Durch den Druckanstieg unterhalb des Wirbels und
die Druckabnahme auf seiner Oberseite wird er nach oben (zur Mischraummitte
hin) bewegt. Diese Wirbelablösungen verlaufen nicht regelmäßig. Die Wirbel
selbst sind nur von sehr kurzer Lebensdauer und verschwinden rasch im »Saugstrom«, indem sie sich an der Treibstrahlgrenze abzurollen scheinen. Bei kleineren
Flächenverhältnissen F_1/F_3 erfolgt der Zerfall der Trennungsfläche bei einer Verringerung des Mengenverhältnisses Q_3/Q_2 plötzlich. Die Übergangsphasen
zwischen stabiler und instabiler Trennungsfläche werden hier nicht beobachtet.
Dann erfolgt die Mischung der Ströme Q_1 und Q_3 im Mischrohr, in das der Treibstrahl nun weit eindringt. Für alle untersuchten Flächenverhältnisse war das
Mengenverhältnis Q_3/Q_2, bei dem die Trennungsfläche zerfällt, gut feststellbar;
es ist, als Stabilitätsgrenze bezeichnet, in Diagramm Abb. 18 über dem Flächenverhältnis F_3/F_1 aufgetragen. Eine Abhängigkeit von der mit dem Treibrohrdurchmesser und der mittleren Treibstrahlgeschwindigkeit gebildeten Reynoldszahl des Treibstromes ließ sich für den untersuchten Bereich nicht erkennen. Die
Streuung der Meßpunkte ist für kleine Flächenverhältnisse F_3/F_1 größer als für
große. Der Grund hierfür ist, daß bei großen Flächenverhältnissen F_3/F_1 nur
sehr kleine Änderungen des Treibstromes erforderlich sind, um den Umschlag von
stabiler zu instabiler Strömungsform zu bewirken.

20

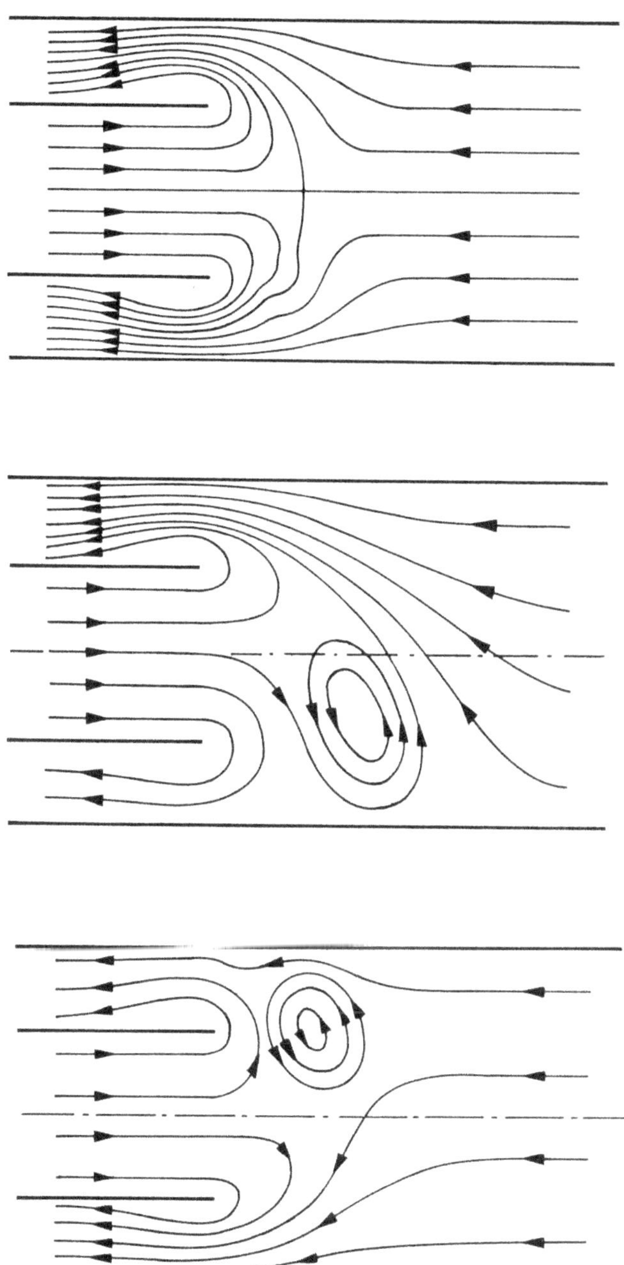

Abb. 16   Zum instabilen Verhalten der Trennungsfläche
beim Gegenströmen in Misch- und Saugrohr

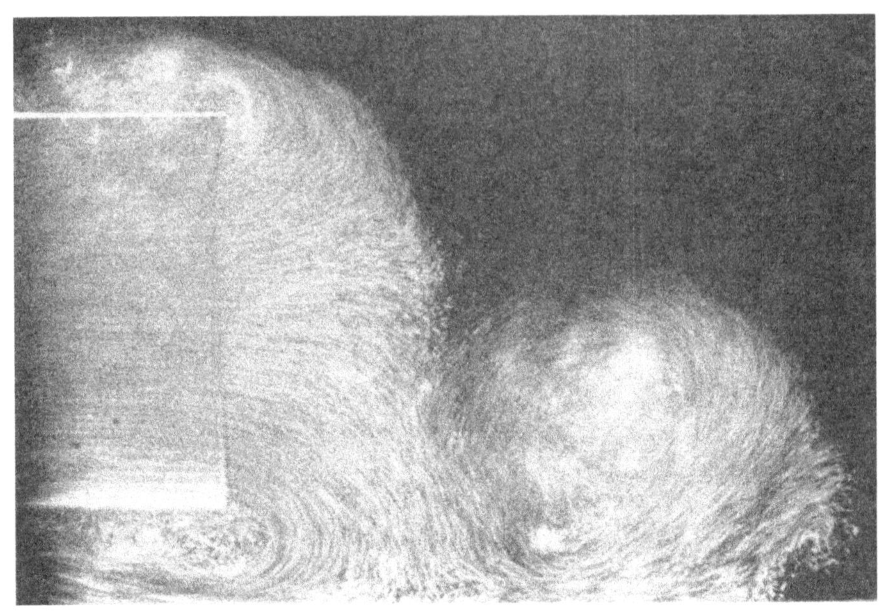

Abb. 17 Wirbelbildung an der Trennungsfläche
beim Gegenströmen in Misch- und Saugrohr
$(F_1/F_3 = 0{,}36;\ Q_3/Q_2 = 0{,}19;\ \mathrm{Re}_1 = 1{,}1 \cdot 10^5)$

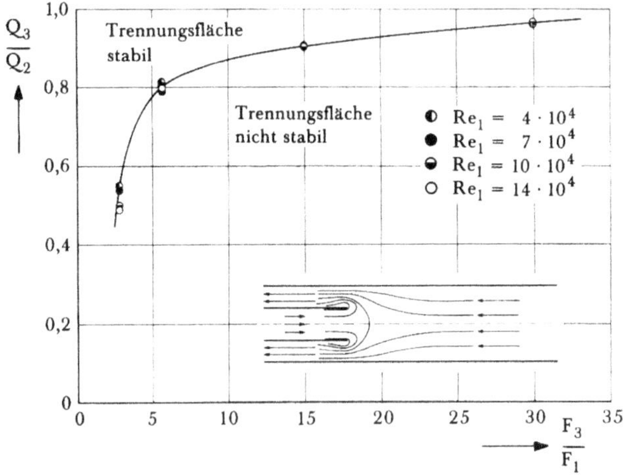

Abb. 18 Die Grenze der Stabilität der Trennungsfläche beim Gegenströmen,
dargestellt im F_3/F_1, Q_3/Q_2-Diagramm

22

d) Gegenströmen in Treib-, Misch- und Saugrohr, Abb. 2d

Dieser Strömungsfall kann bei allen Flächenverhältnissen F_1/F_3 und allen Mengenverhältnissen Q_1/Q_3 als nahezu stationär angesehen werden; es bilden sich keine
nennenswerten Wirbel. Je nach Mengenverhältnis Q_1/Q_2 treten für ein festes
Flächenverhältnis F_1/F_3 Strahlkontraktionen im Saug- oder Treibrohr auf.
Abb. 19 und Abb. 20 zeigen das Strömungsbild für $Q_1 = 0$ bzw. $Q_2 = 0$, also
die beiden Grenzfälle dieses Strömungszustandes. Das Flächenverhältnis beträgt
$F_1/F_3 = 0{,}36$. Für Q_1 oder $Q_2 = 0$ erhält man das Einströmen in Bordamün-
dungen.

e) Gegenströmen im Treibrohr, Abb. 2e

Der aus dem Saugrohr austretende Strom verzweigt sich und strömt teilweise
durchs Mischrohr und teilweise durchs Treibrohr ab. Je nach Mengenverhältnis
Q_1/Q_2 wurden beim Flächenverhältnis $F_1/F_3 = 0{,}36$ recht unterschiedliche
Strömungsformen beobachtet. Diese Strömungsformen sollen, ausgehend von
$Q_1 = 0$ bis zu $Q_1 = Q_2$, an Hand der folgenden Abbildungen beschrieben
werden:
Für $Q_1 = 0$ (Abb. 21) schließt der Strahl aus dem Saugrohr weit in den Mischraum hinein. Es bilden sich unregelmäßig Wirbelgebiete kleineren Ausmaßes,
wodurch der sogenannte Potentialkern des Strahles im Mischrohr »aufgezehrt«
wird; etwa acht Mischrohrdurchmesser vom Treibrohrende entfernt füllt der
Strom den gesamten Mischrohrquerschnitt aus.
Schon relativ geringes Abströmen ins Treibrohr ($Q_1/Q_2 = 0{,}076$, Abb. 22) be-
wirkt eine erhebliche Verkleinerung des Totwassers hinter dem Treibrohr; am
Treibrohrende bildet sich ein nahezu ortsfestes ringwirbelförmiges Totwasser
aus, wodurch der Strom Q_2 auf seinem Weg ins Mischrohr etwas kontrahiert und
kurz hinter dem kontrahierten Querschnitt von der Mischrohrwand ablöst. Bei
weiterer Steigerung von Q_1/Q_2 verschiebt sich das ringwirbelförmige Totwasser
ins Treibrohr, der Treibstrom Q_1 löst am Treibrohrende ab, der Mischstrom kurz
vor dem Treibrohrende.
Im Bereich $0{,}12 < Q_1/Q_2 < 0{,}28$ stellt sich ein stark instationärer Strömungszustand ein:
Der in Abb. 2e eingezeichnete Staupunkt ändert periodisch seine Lage, wobei er
axial und radial um eine Mittellage schwingt, was bei einer Beobachtung im Lichtschnittverfahren als harmonische Schwingung der in Abb. 23 hell hervortretenden
Zonen (Bildmitte) zutage trat. Ähnlich wie beim Rückströmen im Saugrohr
(Abb. 2b) scheint auch hier bei der Verzweigung der Gesamtmenge in zwei Teil-
mengen ein nicht stabiler Strömungszustand vorzuliegen.
Bei Mengenverhältnissen $0{,}3 < Q_1/Q_2 < 1$ ergibt sich ein völlig anders geartetes
Strömungsbild (Abb. 24 und 25). Es hat sich ein um die Treibrohrachse ro-
tierender Wirbel gebildet, der anscheinend einen stabilisierenden Einfluß auf die
Strömung ausübt, die jetzt als stationär betrachtet werden darf.

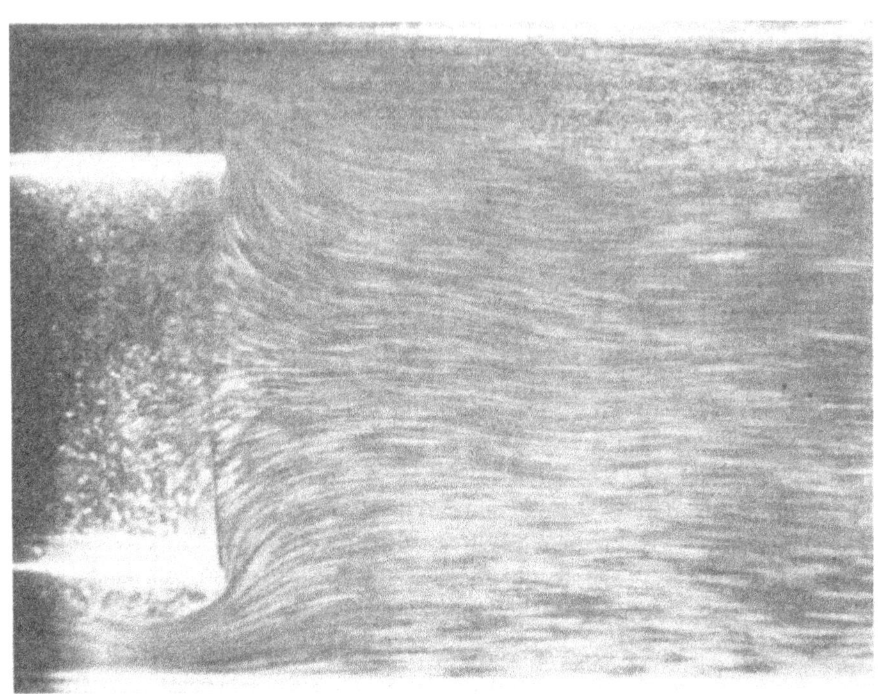

Abb. 19 Gegenströmen in Treib-, Misch- und Saugrohr; Grenzfall $Q_1 = 0$
($F_1/F_3 = 0,36$; $Re_3 = 6 \cdot 10^4$)

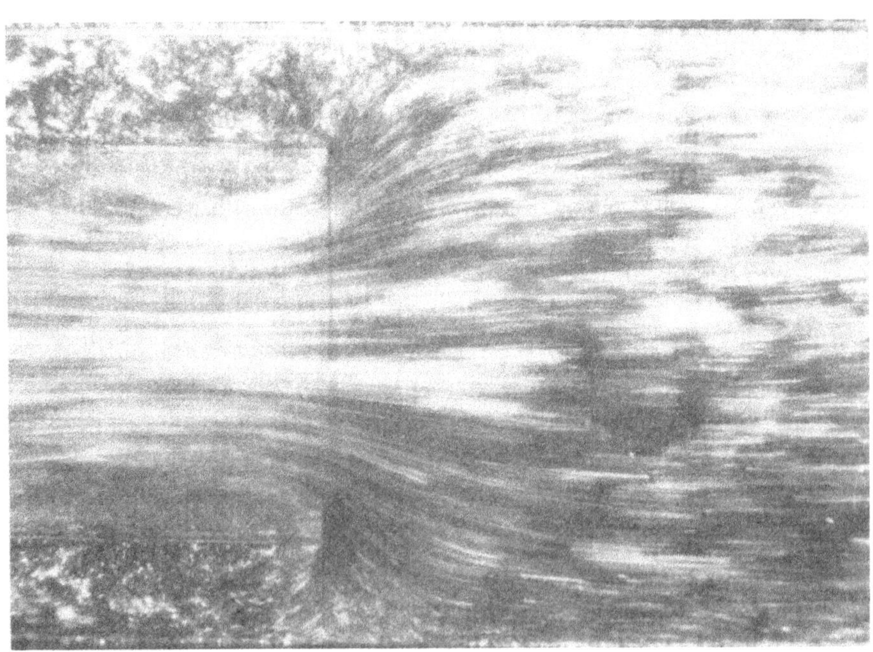

Abb. 20 Gegenströmen in Treib-, Misch- und Saugrohr; Grenzfall $Q_2 = 0$
($F_1/F_3 = 0,36$; $Re_3 = 7 \cdot 10^4$)

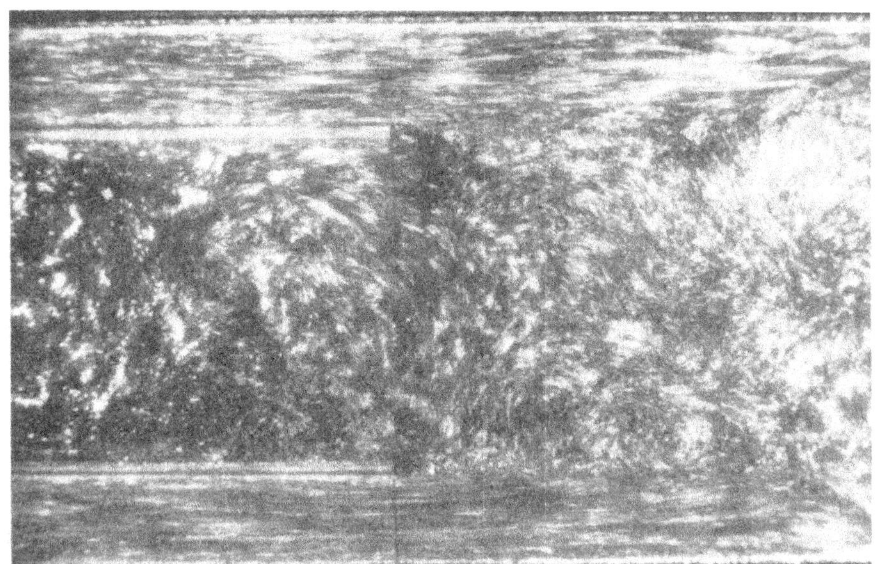

Abb. 21 Gegenströmen im Treibrohr; Grenzfall $Q_1/Q_2 = 0$
$(F_1/F_3 = 0,36;\ \mathrm{Re}_3 = 6 \cdot 10^4)$

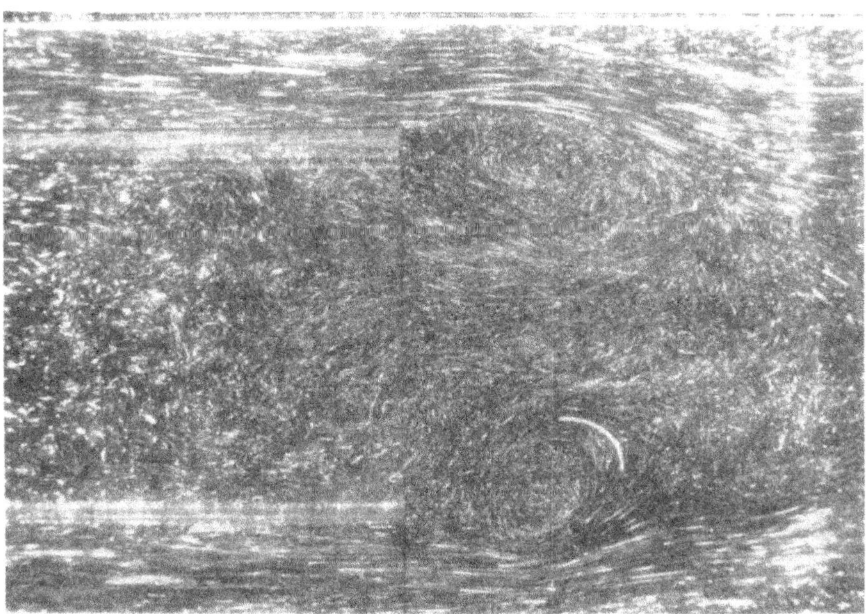

Abb. 22 Gegenströmen im Treibrohr
$(Q_1/Q_2 = 0,076;\ F_1/F_3 = 0,36;\ \mathrm{Re}_3 = 6 \cdot 10^4)$

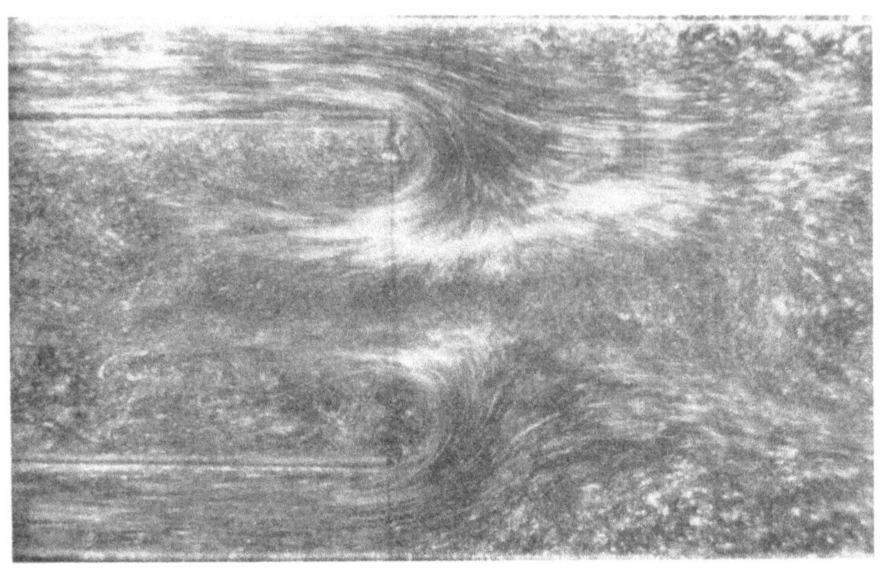

Abb. 23 Gegenströmen im Treibrohr
$(Q_1/Q_2 = 0,24;\ F_1/F_3 = 0,36;\ \mathrm{Re}_3 = 4,8 \cdot 10^4)$

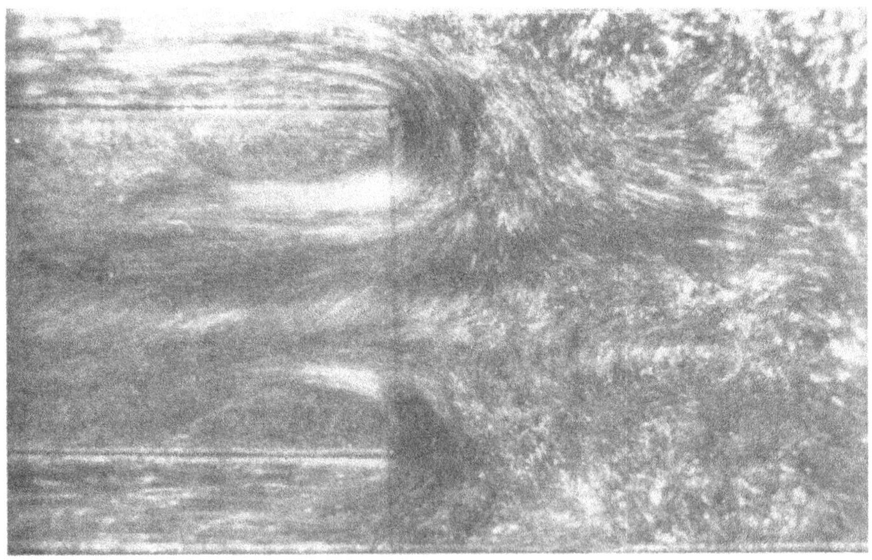

Abb. 24 Gegenströmen im Treibrohr
$(Q_1/Q_2 = 0,69;\ F_1/F_3 = 0,36;\ \mathrm{Re}_3 = 1,6 \cdot 10^4)$

26

Abb. 25 Gegenströmen im Treibrohr
($Q_1/Q_2 = 1$; $F_1/F_3 = 0{,}36$; $Re_1 = 8{,}4 \cdot 10^4$)

Abb. 26 Gegenströmen in Misch- und Treibrohr
($Q_1/Q_2 = 2{,}18$; $F_1/F_3 = 0{,}36$; $Re_3 = 3 \cdot 10^4$)

f) Gegenströmen in Misch- und Treibrohr, Abb. 2f

Dieser Strömungszustand kann als stationär angesehen werden. Im Gegensatz zum Strömungsfall Gegenströmen in Misch- und Saugrohr (Abb. 2c) beginnen hier die Stromlinien, die die beiden Ströme Q_2 und Q_3 voneinander abgrenzen, an der Mischrohrwand. Die Ströme aus Saug- und Mischrohr vereinigen sich im Treibrohr, an dessen Mündung eine starke Strahlkontraktion eintritt. Abb. 26 zeigt das Strömungsbild für ein Flächenverhältnis $F_1/F_3 = 0{,}36$ und ein Mengenverhältnis $Q_1/Q_2 = 2{,}18$. Die beiden Grenzen dieses Strömungsfalles sind in Abb. 20 und 25 wiedergegeben ($Q_2 = 0$ bzw. $Q_3 = 0$).

V. Messung und Berechnung der statischen Drücke an Treib- und Mischrohrende

Um weiteren Einblick in die Strömungsverhältnisse zu gewinnen, wurde bei den in Abschnitt IVa, IVb und IVc beschriebenen Betriebszuständen (vgl. Abb. 2a, 2b, 2c) für verschiedene Querschnittsverhältnisse F_1/F_3 die Druckdifferenz $P_3 - P_1$ gemessen. Dabei lagen die Meßstelle für P_3 an der Mischrohrwand acht Mischrohrdurchmesser von der Treibrohrmündung, die Meßstelle für P_1 an der Treibrohrwand aus versuchstechnischen Gründen 300 mm von dem Treibrohrende entfernt. Da die Variation des Flächenverhältnisses F_1/F_3 durch Änderung des Treibrohrdurchmessers erfolgte, ergab sich für die Meßstelle 1 ein unterschiedlicher relativer Abstand zur Treibrohrmündung. Um die Meßergebnisse miteinander vergleichen zu können, wurde für die Auftragung der Meßwerte der durch Reibung verursachte Druckverlust von der jeweiligen Meßstelle bis zum gewählten Bezugspunkt für P_1, dem Treibrohrende, berücksichtigt. Die Messung der Druckdifferenz $P_3 - P_1$ und der Ströme erfolgte, wie in Abschnitt III beschrieben, wobei die Meßwerte zeitliche Mittelwerte sind, die von den Anzeigeorganen gebildet wurden. Die Druckdifferenz wurde unter Annahmen berechnet, die im folgenden für die einzelnen Strömungsfälle angegeben werden. Sie wurde dimensionslos gemacht durch einen mit der mittleren Geschwindigkeit gebildeten Staudruck des Stromes, der die Gesamtmenge führt.

a) Mischung im Mischrohr (Normalfall), Abb. 2a

Die Druckdifferenz wird unter folgenden Annahmen berechnet:
1) In der Mündungsebene des Treibrohres und in der Meßebene für den Druck P_3 im Mischrohr sei der Druck konstant.
2) Die Geschwindigkeitsprofile sollen nahezu rechteckig sein, so daß die über einen Querschnitt gemittelten Werte $\bar{u}^2$ und $\overline{u^2}$ gleichgesetzt werden dürfen.
3) Die Verluste durch Wandreibung seien gegenüber den Mischungsverlusten so gering, daß sie vernachlässigt werden können.

Mit diesen Annahmen ergibt der Impulssatz

$$(P_3 - P_1)\, F_3 = \varrho\, \bar{u}_1^2\, F_1 + \varrho\, \bar{u}_2^2\, F_2 - \varrho\, \bar{u}_3^2\, F_3 \tag{1}$$

Mit dem Kontinuitätssatz

$$\bar{u}_1 F_1 + \bar{u}_2 F_2 = \bar{u}_3 F_3 = Q_1 + Q_2 = Q_3 \tag{2}$$

folgt daraus

$$\frac{P_3 - P_1}{\varrho\, \bar{u}_3^2/2} = 2\left[\left(\frac{Q_1}{Q_3}\right)^2 \frac{F_3}{F_1} + \left(1 - \frac{Q_1}{Q_3}\right)^2 \frac{F_3}{F_2} - 1\right] \tag{3}$$

Für $Q_2 = 0$ bzw. $Q_1 = 0$ erhält man hieraus sofort den Druckrückgewinn der unstetigen Erweiterung

$$\left(\frac{P_3 - P_1}{\varrho\, \bar{u}_3^2/2}\right)_{Q_2=0} = 2\left(\frac{F_3}{F_1} - 1\right) \tag{4a}$$

bzw.

$$\left(\frac{P_3 - P_1}{\varrho\, \bar{u}_3^2/2}\right)_{Q_1=0} = 2\left(\frac{F_3}{F_2} - 1\right) \tag{4b}$$

In Diagramm Abb. 27 ist $\dfrac{P_3 - P_1}{\varrho\, \bar{u}_3^2/2}\ \dfrac{1}{2(F_3/F_1 - 1)}$, die durch den Druckrück-

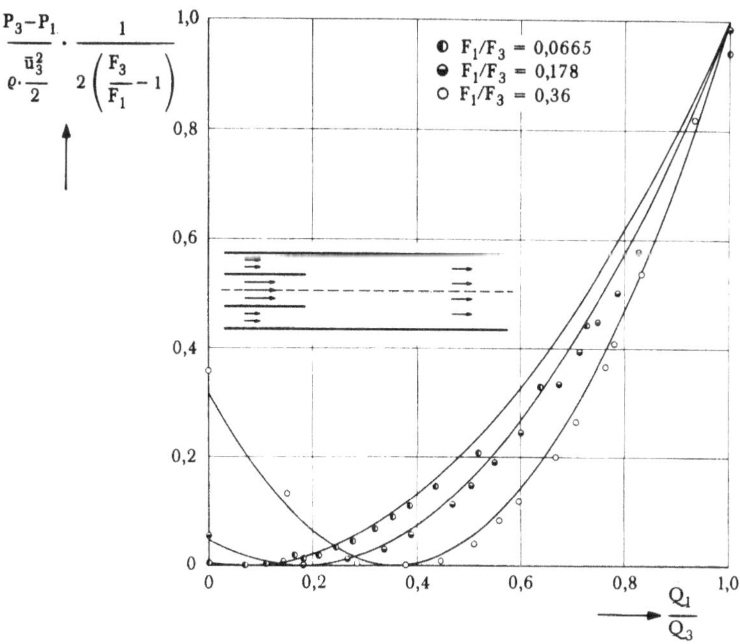

Abb. 27 Druckanstieg bei der Strahlmischung für den Normalfall, abhängig von Mengen- und Flächenverhältnis

gewinn bei unstetiger Erweiterung normierte Druckdifferenz, über Q_1/Q_3 aufgetragen. Parameter ist das Flächenverhältnis F_1/F_3. Die eingetragenen Versuchspunkte zeigen die bekannte Übereinstimmung mit der Rechnung.

b) Rückströmen im Saugrohr, Abb. 2b

Ein Ausdruck $P_3 - P_1$ läßt sich hier für den allgemeinen Fall mit einfachen Annahmen nicht angeben; dagegen ist dies in einigen Spezialfällen möglich. Diese sind:

1) $Q_2 = 0$, F_1/F_3 beliebig
2) $Q_3 = 0$, F_1/F_3 nahe 1
3) Q_2 und $Q_3 \neq 0$, $F_1/F_3 \ll 1$

Fall 1: Es handelt sich um die unstetige Erweiterung, die durch Gl. (4a) beschrieben wird; aus Gl. (4a) folgt sofort

$$\frac{P_3 - P_1}{\varrho \bar{u}_1^2/2} = 2 \frac{F_1}{F_3} \left(1 - \frac{F_1}{F_3} \right) \tag{5}$$

Fall 2: Der ganze Treibstrom fließt ins Saugrohr. Hier ist für F_1/F_3 nahe 1 die Annahme sinnvoll, daß der Druck P_3 im Mischrohr angenähert gleich dem Ruhedruck auf der mittleren Stromlinie im Treibrohr ist. Somit gilt nach dem Energiesatz

$$P_1 + \varrho u_{1m}^2/2 \geqq P_3$$

oder

$$\frac{P_3 - P_1}{\varrho \bar{u}_1^2/2} \leqq \left(\frac{u_{1m}}{\bar{u}_1} \right)^2 \tag{6}$$

Bei ausgebildetem turbulentem Geschwindigkeitsprofil im Treibrohr gilt die Beziehung

$$\frac{u_{1m}}{\bar{u}_1} = \frac{(n + 1)(2n + 1)}{2 n^2} \tag{7}$$

wobei n von der Reynoldszahl abhängig ist und im untersuchten Bereich etwa gleich 7 gesetzt werden darf. Hiermit erhält man

$$\frac{P_3 - P_1}{\varrho \bar{u}_1^2/2} \leqq 1{,}5 \tag{8}$$

Beim Flächenverhältnis $F_1/F_3 = 0{,}36$ wurde gemessen $\dfrac{P_3 - P_1}{\varrho \bar{u}_1^2/2} = 1{,}31$.

Trotz des kleinen Flächenverhältnisses bleibt die Abweichung vom Rechenwert 1,5 noch erträglich.

Fall 3: Wenn $F_1/F_3 \ll 1$ ist, dann schießt der Treibstrahl in die Mischkammer hinein und verzweigt sich dort unter starker Verwirbelung in die Teilmengen Q_2 und Q_3. Hierfür wird angenommen, daß es einen Querschnitt im Rückstrom ins Saugrohr gibt, für den die getroffene Annahme $\bar{u}^2 = \overline{u^2}$ gilt, und in dem der Druck gleich dem im Treibrohr ist. Für $F_1/F_3 \ll 1$ liegt, wie die Strömungsbeobachtung zeigt, dieser Querschnitt nahe der Mündungsebene des Treibrohres. Damit folgt mit Impuls- und Kontinuitätssatz die Beziehung

$$\frac{P_3 - P_1}{\varrho\,\bar{u}_1^2/2} = 2\,\frac{F_1}{F_3}\left[1 + \left(1 - \frac{Q_3}{Q_1}\right)^2\frac{F_1}{F_2} - \left(\frac{Q_3}{Q_1}\right)^2\frac{F_1}{F_3}\right] \tag{9}$$

Im Diagramm Abb. 28 ist $P_3 - P_1/\varrho\,\bar{u}_1^2/2$ über Q_3/Q_1 für drei Flächenverhältnisse F_1/F_3 aufgetragen. Die Übereinstimmung zwischen Meß- und Rechenwerten ist auch noch bei $F_1/F_3 = 0{,}36$ für $Q_3/Q_1 \geqq 0{,}25$ überraschend gut, obwohl das Flächenverhältnis nicht mehr der Annahme $F_1/F_3 \ll 1$ genügt. Auch hier ist noch im Saugstrom und im Treibstrom je ein Querschnitt vorhanden, für den – neben den Voraussetzungen $\overline{u^2} = \bar{u}^2$ und Druckkonstanz über dem Querschnitt – die Annahme gleichen Druckes gilt. Diese Querschnitte liegen jetzt allerdings tiefer im Saugrohr und im Treibrohr als im Falle $F_1/F_3 \ll 1$ (vgl. auch [1]).

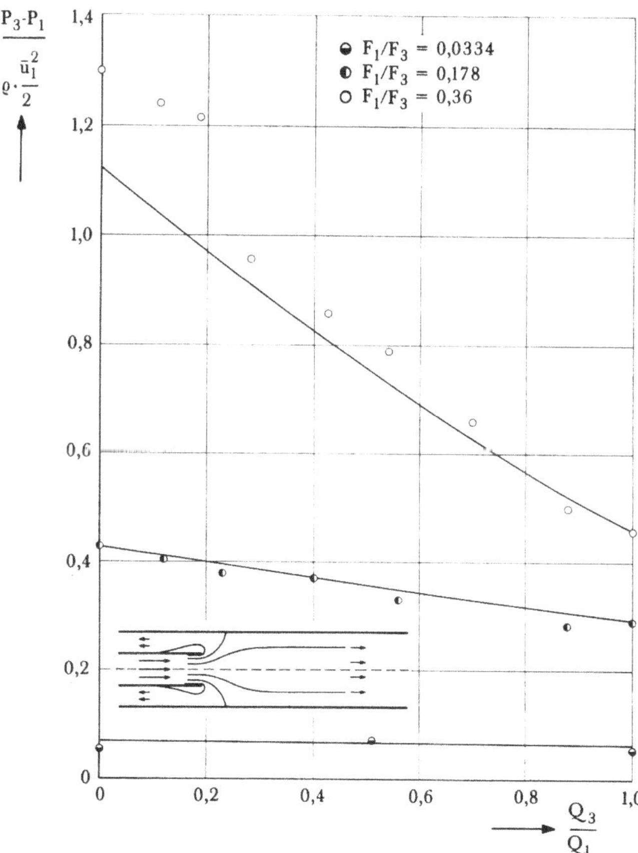

Abb. 28 Druckanstieg vom Treibrohr ins Mischrohr bei Rückströmen im Saugrohr, abhängig von Mengen- und Flächenverhältnis

c) Gegenströmen in Misch- und Saugrohr, Abb. 2c

Eine Berechnung von $P_3 - P_1$ gelingt nur in einigen Spezialfällen, für die sich sinnvolle Annahmen treffen lassen. Diese Fälle sind:

1) $Q_3 = Q_2$, $F_1/F_3 \ll 1$

2) $Q_3/Q_2 > (Q_3/Q_2)_{st}$, F_1/F_3 beliebig, wobei $(Q_3/Q_2)_{st}$ das kleinste Mengenverhältnis ist, bei welchem die in Abb. 2c eingezeichnete Trennungsfläche besteht (vgl. Abb. 18).

3) $Q_3/Q_2 < (Q_3/Q_2)_{st}$, $F_1/F_3 \ll 1$.

Fall 1: Das Treibrohr entspricht einem Pitotrohr. Daher wird angenommen, daß sich in der Treibrohrmündung der Gesamtdruck der mittleren Stromlinie des Stromes Q_3 einstellt. Somit ist $P_3 + \varrho u_{3_m}^2/2 \geq P_1$. Bei ausgebildetem turbulentem Geschwindigkeitsprofil im Mischrohr gilt die Beziehung

$$u_{3_m}/\bar{u}_3 = (n + 1)(2n + 1)/2 n^2.$$

Mit $n = 7$ für den untersuchten Bereich erhält man unter Verwendung des Kontinuitätssatzes $\bar{u}_3 F_3 = \bar{u}_2 F_2$

$$\frac{P_3 - P_1}{\varrho \bar{u}_2^2/2} \geq -1{,}5 \left(\frac{F_2}{F_3}\right)^2 \tag{10}$$

Fall 2: In dem sich bildenden gemeinsamen Staupunkt herrscht Gleichheit der Gesamtdrücke der beiden mittleren Stromlinien der Ströme Q_1 und Q_3. Mit $u_{3_m}/\bar{u}_3$ und $u_{1_m}/\bar{u}_1 = f(n)$ folgt unter Einbeziehung des Kontinuitätssatzes $\bar{u}_2 F_2 = \bar{u}_3 F_3 + \bar{u}_1 F_1 = Q_2 = Q_1 + Q_3$ die Beziehung

$$\frac{P_3 - P_1}{\varrho \bar{u}_2^2/2} = 1{,}5 \left[\left(1 - \frac{Q_3}{Q_2}\right)^2 \left(\frac{F_2}{F_1}\right)^2 - \left(\frac{Q_3}{Q_2}\right)^2 \left(\frac{F_2}{F_3}\right)^2\right] \tag{11}$$

Fall 3: Für $F_1/F_3 \ll 1$ und ein Mengenverhältnis Q_3/Q_2 kleiner als das der Stabilitätsgrenze dringt der Treibstrahl weit in den entgegenkommenden Strom Q_3 ein und wird im Mischrohr verwirbelt. Hier wird die gleiche Annahme wie in Abschnitt V. b), Fall 3, getroffen. Aus Impuls- und Kontinuitätssatz folgt

$$\frac{P_3 - P_1}{\varrho \bar{u}_2^2/2} = 2 \frac{F_2}{F_3} \left[1 + \left(1 - \frac{Q_3}{Q_2}\right)^2 \frac{F_2}{F_1} - \left(\frac{Q_3}{Q_2}\right)^2 \frac{F_2}{F_3}\right] \tag{12}$$

Im Diagramm Abb. 29 sind Meß- und Rechenwerte verglichen. Die ausgezogenen Kurven im rechten Teil des Diagramms sind nach Gl. (11), die im linken Teil des Diagramms nach Gl. (12) berechnet. Die Meßwerte für $Q_3/Q_2 = 0$ entsprechen den in Diagramm Abb. 28 für $Q_3/Q_1 = 0$ eingetragenen, da es sich in beiden Fällen um vollständiges Rückströmen aus dem Treibrohr ins Saugrohr bei $Q_3 = 0$ handelt.

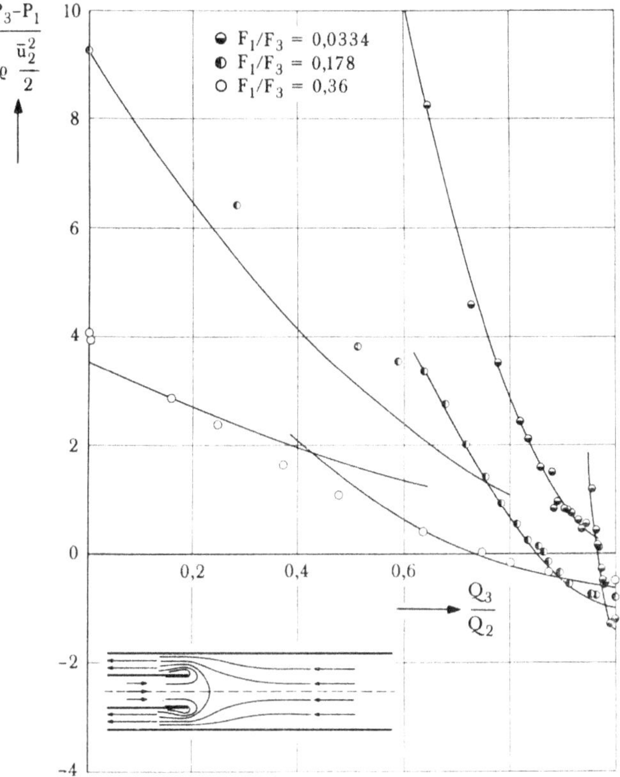

Abb. 29 Druckdifferenz zwischen Treib- und Mischrohr bei Gegenströmen in Misch-
und Saugrohr, abhängig von Mengen- und Flächenverhältnis

VI. Zusammenfassung

An Hand von Strömungsbildern werden die in einem mit Wasser betriebenen
Strahlapparat mit zylindrischem Mischraum, insbesondere bei nicht normalen
Betriebsbedingungen auftretenden Strömungsformen beschrieben. Der Druck
an den Mischraumgrenzen und die Geometrie des Injektors haben wesentlichen
Einfluß auf das Strömungsverhalten. Innerhalb des Mischraumes treten regelmäßige Wirbelablösungen im Falle der Verzweigung des Treibstromes in Saug-
und Mischrohr (»Rückströmen im Saugrohr«) auf; ihre Frequenz wird bestimmt.
Eine Stabilitätsgrenze für den Zerfall der bei der Vereinigung der Ströme aus
Misch- und Treibrohr im Saugrohr (»Gegenströmen in Misch- und Saugrohr«)
zunächst bestehenden Trennungsfläche wird experimentell ermittelt. Eindimensionale Berechnungen von einigen der beobachteten Strömungsformen zeigen
gute Übereinstimmung mit Druck- und Mengenmessungen und erhärten damit
die aus der Diskussion der Strömungsbilder gewonnenen ersten Ergebnisse.

VII. Literaturverzeichnis

[1] ZELLER, H., Eindimensionale Strömung in Strahlapparaten. Habilitationsschrift 1965, TH Aachen; FB 1658, Nordrhein-Westfalen (1966).

[2] ZELLER, H., Strömungsvorgänge in pulsierend arbeitenden Strahlapparaten. Abh. aus dem Aerodyn. Institut der TH Aachen, Heft 18 (1965), S. 20–25.

[3] CURTET, R., Sur l'écoulement d'un jet entre parois. Publ. Sci. et Techn. du Min. de l'Air, Paris, Nr. 359 (1960).